Bibliografische Information der Deutschen Nationalbibliothek:

Die Deutsche Bibliothek verzeichnet diese Publikation in der Deutschen National-
bibliografie; detaillierte bibliografische Daten sind im Internet über http://dnb.d-
nb.de/ abrufbar.

Impressum:

Copyright © 2019 GRIN Verlag
Druck und Bindung: Books on Demand GmbH, Norderstedt Germany
ISBN: 9783346146458

Scarlett Richter

Geschichte und Prinzipien des Naturschutzes in Deutschland

GRIN Verlag

GRIN - Your knowledge has value

Der GRIN Verlag publiziert seit 1998 wissenschaftliche Arbeiten von Studenten, Hochschullehrern und anderen Akademikern als eBook und gedrucktes Buch. Die Verlagswebsite www.grin.com ist die ideale Plattform zur Veröffentlichung von Hausarbeiten, Abschlussarbeiten, wissenschaftlichen Aufsätzen, Dissertationen und Fachbüchern.

Besuchen Sie uns im Internet:

http://www.grin.com/

http://www.facebook.com/grincom

http://www.twitter.com/grin_com

Hochschule Bochum

Fachbereich Wirtschaft

Hausarbeit zum Thema:

Geschichte und Prinzipien des Naturschutzes in Deutschland

Im Rahmen der Veranstaltung

„Wirtschafts- und Umweltethik"

Scarlett-Kim Richter

Studiengang: International Business and Management

9. Fachsemester, Wintersemester 2019/20

Bochum, 28. November 2019

Inhaltsverzeichnis

Abkürzungsverzeichnis

BAVNL	Bundesanstalt für Vegetationskunde, Naturschutz und Land schaftspflege
BfN	Bundesamt für Naturschutz
BFANL	Bundesforschungsanstalt für Naturschutz und Landschaftsökolo gie
BMU	Bundesministerium für Umwelt, Naturschutz und Reaktorsicherheit
BNatSchG	Bundesnaturschutzgesetz
BRD	Bundesrepublik Deutschland
CBD	Übereinkommen über die biologische Vielfalt
RNG	Reichsnaturschutzgesetz

Tabellenverzeichnis

1 Einleitung

Wie entwickelt sich der Naturschutz in Deutschland? Im Hinblick auf die Geschichte stellt sich die Frage, was der Staat zum Schutz der Natur bis heute getan hat. Die vorliegende Hausarbeit setzt sich mit den Themen des staatlichen Naturschutzes in Deutschland und deren Prinzipien auseinander. Dabei stehen besonders die geschichtlichen Ereignisse im Fokus sowie die Fragestellung, welche Maßnahmen der Staat zum Schutz der Natur beigetragen hat und woran einige Maßnahmen scheiterten. Das Ziel der Hausarbeit ist es, die Wirkung des Naturschutzes auf die Gesellschaft zu präsentieren und herauszufinden, welche Veränderungen der Ziele es bis heute gab. Der Anfang des Naturschutzes in Deutschland beginnt mit der Gründung der staatlichen Stelle für Naturdenkmalpflege im Jahre 1906 in Preußen. Dieses Jahr gilt damit als Startschuss des staatlichen Naturschutzes in Deutschland und feiert 2006 sein 100-jähriges Bestehen.

Der Naturschutz hat sich zu einer der wichtigsten Staatsaufgaben entwickelt. Auch vor dem Jahr 1906 wurde aktiv Natur- und Umweltschutz betrieben. Die Erkenntnis, Natur und Landschaft zu schützen, hat in Deutschland daher eine lange Tradition. Besonders zeichnet sich der Naturschutz in Deutschland durch folgende in der Praxis einsetzbaren Instrumentarien aus: zu einem die Ausweisung von Schutzgebieten und zum anderen durch die Artenschutzprogramme.[1] Inwieweit Naturschutz betrieben wird, hängt von den Akteuren ab. Das Interesse kann unter anderem aus politischen oder persönlichen Gründen heraus erfolgen. Die Prinzipien und allgemeine Ziele, wie Naturschutz betrieben werden soll, werden durch Gesetze und Verordnungen beeinflusst. Diese sind in internationalen Abkommen und im novellierten Bundesnaturschutzgesetz (BNatSchG) niedergelegt. Gesetze und internationale Abkommen sind zur Begründung von Zielen zwar politisch, ethisch, aber nicht hinreichend.[2]

Im Jahr 1906 erfolgte die Etablierung der staatlichen Stelle für Naturdenkmalpflege in Preußen unter der Leitung von Hugo Conwentz. Es galt das Drei-Säulen-Prinzip

---

[1] Mannsfeld, K.: Naturschutz im Spannungsfeld gesellschaftlicher Interessen. Erfahrungen aus dem Freistaat Sachsen; zum 100. Jahrestag des staatlichen Naturschutzes in Deutschland - dem ehrenamtlichen Naturschutz in Sachsen gewidmet, Dresden 2006. S. 58.
[2] Ott, K.: Begründungen, Ziele und Prioritäten im Naturschutz, Hamburg 2004. S. 277.

mit einer schwachen staatlichen Verwaltung, Naturschutzstellen als Beratungsinstitutionen und den Naturschutzbeauftragten.[3]

2 Definition Begrifflichkeiten

2.1 Naturschutz

Als Naturschutz wird die Gesamtheit aller Maßnahmen zur Erhaltung und Förderung der natürlichen Lebensgrundlagen, aller Lebewesen, insbesondere von Pflanzen und Tieren wildlebender Arten und ihrer Lebensgemeinschaften sowie die Sicherung von Landschaften und Landschaftsteilen in ihrer Vielfalt und Eigenart bezeichnet (ANL 1994).[4] Er ist als grundlagensichernde Aufgabe unverzichtbar, aktuell und zukünftig.

2.2 Umweltschutz

„Umweltschutz ist die Gesamtheit der Maßnahmen zur Sicherung der natürlichen Lebensgrundlagen und Gesundheit des Menschen einschließlich ethischer und ästhetischer Ansprüche ..." (ANL 1994).[5] Der Umweltschutz lässt sich zwischen biologischen und technischen Umweltschutz unterscheiden. Nach gesellschaftlicher Auffassung aus den 1970er Jahren sollte diese differenzierte Betrachtung nicht vorgenommen werden, da der biologische mit dem technischen Umweltschutz zusammenarbeitet. In den 1970er Jahren wurde der Umweltschutz das erste Mal öffentlich wahrgenommen und Menschen befassten sich mit Naturschutz- und Umweltproblemen. In der heutigen Auffassung ist Umweltschutz ein Teil des umfassenden Naturschutzes.[6]

2.3 Natur

Ein Problem, wenn von Erfolg und Misserfolg beim Naturschutz gesprochen wird, ist die verschiedene Definition des Begriffs „Natur". Eine Frage, die sich bei den Naturschutzexperten aufwirft, ist diejenige, welche „Natur" geschützt werden soll. Dabei beziehen sich die Experten auf Unterschiede zwischen belebter und nichtbelebter Natur und welche Natur gewürdigt werden soll, geschützt zu werden.[7] Zudem

---

[3] Stiftung Naturschutzgeschichte: Natur und Staat. Staatlicher Naturschutz in Deutschland 1906 - 2006, Münster 2006.: a.a.O. S. XI

[4] Schmidt, W.: 100 Jahre Naturschutz als Staatsaufgabe. 1906 - 2006; Brücken in die Zukunft bauen, Bonn 2006 S. 5

[5] Schmidt, W.: a.a.O.: a.a.O. S. 6-7

[6] Schmidt, W.: a.a.O.; a.a.O. S-6-7

[7] Schmidt, W.. a.a.O.: a.a.O. S 6

hat jeder Naturschützer ein anderes Interesse am Schutz verschiedener Segmente der Natur. Die Fragen der Begriffsbildung ist daher eine Frage des Wertes und der Einstellung der verschiedenen mitwirkenden Akteure. Dadurch, dass die Natur in sich nicht definiert werden kann und keine vom Menschen gemachte Sache ist, bekommt sie einen eigenen Stellenwert und wird bezeichnet als „Wesen eigener Art".[8] Die Begriffe „Erfolg" und „Misserfolg" des Naturschutzes werden daher primär einzelnen Segmenten bemessen und sind allgemeingültig.

2.4 Naturschutzgeschichte / Umweltgeschichte

Unter Umweltgeschichte ist die Erforschung der Wechselwirkung zwischen Menschen und Natur zu verstehen. Natur und Umwelt wird zumeist gleichgesetzt. Dabei wird gefragt, welche Folgen sich durch den Umgang mit der Natur des Menschen ergeben und wie Mensch und Natur sich gegenseitig beeinflussen.[9] Die umweltgeschichtliche Forschung basiert auf die neuste Geschichte. Dies wird dadurch begründet, dass vor der Industrialisierung im 18. Jahrhundert der einsetzende Bevölkerungswachstum keinen gravierenden Einfluss auf die Umwelt hatte. Der wachsende Eingriff der Menschheit in die Natur nimmt bis heute stetig zu. Kernbestandteil des umweltgeschichtlichen Forschens bleibt daher die Erklärungs- und Aufklärungsbedürftigkeit.[10]

3 Geschichte

3.1 Staatlicher Naturschutz vor 1906

Eine dynamische Phase des Naturschutzes begann bereits Ende des 19. Jahrhunderts und formierte sich als gesellschaftliche Bewegung.[11] Aufgrund der Industrialisierung in den 1880er Jahren wurden in Deutschland zahlreiche Organisationen gegründet, die sich dem Naturschutz verschrieben haben. Die verschiedenen Organisationen verfolgten dabei unterschiedliche Ziele und Motive, um die Industrialisierung zu revidieren. Im Jahre 1888 prägte der Berliner Klavierprofessor Ernst Rudorff den Begriff „Naturschutz" und setzte sich für die „Schonung landschaftlicher Eigentümlichkeit" und den Erhalt der „Natur in ihrer Ursprünglichkeit" ein.[12] In

---

[8] Schmidt, W.: a.a.O.: a.a.O. S. 6
[9] Freytag, N.: Deutsche Umweltgeschichte. Umweltgeschichte in Deutschland; Erträge und Perspektiven, in: Historische Zeitschrift : HZ, 283 (2006), 2006. S. 6
[10] Freytag, N.: Deutsche Umweltgeschichte. Umweltgeschichte in Deutschland; Erträge und Perspektiven, in: Historische Zeitschrift : HZ, 283 (2006), 2006.
[11] Stiftung Naturschutzgeschichte: a.a.O. S.16
[12] Stiftung Naturschutzgeschichte: a.a.O. S. 17

dem selben Jahr wurde das Reichsvogelschutzgesetz erlassen. Somit wurden Vögel die Vorreiter für den Artenschutz in Deutschland.[13] Um das Jahr 1900 wurden viele Naturschutzorganisationen gegründet, unter anderem waren dies der Bund für Vogelschutz (1899), der Verein zum Schutz der und zur Pflege der Alpenpflanzen (1900), der Bund für Heimatschutz (1904 auf Betreiben von Ernst Rudorff) und andere Vereine wie Touristen- und Wandervereine, Vereine für Naturkunde oder Tierschutz sowie Geschichtsvereine. Zu dieser Zeit nahm auch der staatliche Naturschutz seine Funktion in der Naturschutzgeschichte wahr. Somit berücksichtigte 1902 das Hessische Denkmalschutzgesetz, dass „natürliche Bildungen der Erdoberfläche wie Wasserläufe, Felsen, Bäume u. dergl., deren Erhaltung aus geschichtlichen oder naturgeschichtlichen Rücksichten oder aus Rücksicht auf die landschaftliche Schönheit oder Eigenart im öffentlichen Interesse liegt".[14]

3.2 Staatlicher Naturschutz 1906-1932

Mit der Gründung der staatlichen Naturdenkmalpflege in Preußen übernimmt der Staat erstmals konkrete Aufgaben zum Naturschutz. Dabei verfolgte die staatliche Stelle folgende Arbeitsbereiche: Erforschung, Erhaltung und Schutzmaßnahmen der Naturdenkmäler.[15] Der Leiter Hugo Conwentz, der unter anderem auch im Vorstand des Bundes für Heimatschutzes vertreten war, hielt einige Vorträge zur Zeit der Gründung, um nicht nur Akteure aus der Politik für sich zu gewinnen, sondern auch Vertreter aus der Landnutzung und anderen Bereichen. Ziele dieser Strategie waren, nicht nur das Interesse an dem Naturschutz zu wecken, sondern auch um Gelder zu bewilligen und Schutzmaßnahmen beschließen zu lassen.[16] Weitere Länder schlossen sich der Naturdenkmalpflege an, wie etwa das Königreich Württemberg mit seinem „Landesausschuss für Natur- und Heimatschutz" (1908) und Bayern mit dem „Landesausschuss für Naturdenkmalpflege". Der Staat nahm damit seine Verantwortung wahr, übergab diese Aufgabe aber an interessierte Vereine.[17] Den Schutz von Naturdenkmälern gesetzlich zu regeln, scheiterte im Kaiserreich als auch später in der Weimarer Republik erneut. Grund des Scheiterns waren finanzielle Belange und der Konflikt des Staates zwischen Interesse und Nutzern der Natur. Mit der Novemberrevolution gelang in den Jahren 1918 bis 1919 der

---

[13] Stiftung Naturschutzgeschichte: a.a.O. S. 17
[14] Stiftung Naturschutzgeschichte: a.a.O. S. 17
[15] Stiftung Naturschutzgeschichte: a.a.O.: a.a.O. S. 106
[16] Stiftung Naturschutzgeschichte: a.a.O. S. 108
[17] Stiftung Naturschutzgeschichte: a.a.O.: a.a.O. S. 13

Systemwechsel vom autoritären Kaiserreich zur Demokratie. Durch den Wandel zur Demokratie konnte sich der Naturschutz neu formatieren und sich neuen Aufgaben stellen. Mit dem Artikel 150 der Weimarer Verfassung: „Die Denkmäler der Kunst, der Geschichte und der Natur sowie Landschaften genießen den Schutz und die Pflege des Staates"[18] erfuhr der Naturschutz eine Aufwertung und erreichte erstmals in einem deutschen Parlament Verfassungsrang. Ein weiterer Erfolg ist dem Jahre 1920 zu zurechnen. So wurde das preußische Feld- und Forstpolizeigesetz § 34 durch die linksliberalen novelliert und „Naturschutzgebiete" wurden erstmals als Schutzkategorie in einem Gesetz verankert.[19]

3.3 Staatlicher Naturschutz 1933-1945

Die Übernahme des NS-Regimes im Jahre 1933 ergab für den Naturschutz keine große Veränderung bis auf das alle Naturschutzverbände gleichgeschaltet wurden, dazu gehörten der „Bund für Vogelschutz" und der "Bund für Heimatschutz". Vielmehr spielte das Jahr 1935 eine wichtige Rolle, als das Reichsnaturschutzgesetz aus der Hand von Hans Klose erlassen worden ist. Trotz dieses Erlasses war der Umgang mit der Natur kritisch anzusehen. Durch die im Jahr 1936 einsetzende Autarkiepolitik des NS-Regimes, die der Landwirtschaft vorrangig mehr Freiheiten einräumte, den Autobahnenbau, die mangelnde Finanzierung und die Ausbeutung der Ressourcen zur Kriegsvorbereitung erschienen das Vorhaben der neuen Machtposition ernüchternd.[20] „Im Naturschutz weigerte man sich, diese Doppelrolle wahrzunehmen. Gerade im Kontext der ‚landwirtschaftlichen Erzeugungsschlachten‘ wurden großräumig für Naturschutzbelange wichtige Flächen unwiederbringlich zerstört."[21] Auch wenn weiter Naturschutzgebiete ausgewiesen wurden, einen wesentlichen Einfluss auf die Landschaft hatte der Naturschutz nicht. Die ab dem Jahr 1936 „Reichsstelle für Naturschutz" gehörte zum Reichsforstamt. Geleitet wurde die Stelle bis zum Jahr 1938 von Walther Schoenichen, danach von Hans Klose. Schoenichen, der eine NS-Ideologie anstrebte, stütze sich auf das alte Leitbild der „Urnatur". „Schoenichen stellte den Naturschutz dem „Völkischen Beobachter" mit dem Argument vor, er sei „für die Gesunderhaltung der deutschen Seele" notwendig, da die Landschaft doch das „Keimbett unserer völkischen Eigenprägung"

---

[18] Stiftung Naturschutzgeschichte: a.a.O.: a.a.O. S. 123-124
[19] Stiftung Naturschutzgeschichte: a.a.O. S. 124
[20] Stiftung Naturschutzgeschichte: a.a.O. S. 157
[21] Kaiser, K.-D.: Naturschutz und Rechtsradikalismus. Gegenwärtige Entwicklungen, Probleme, Abgrenzungen und Steuerungsmöglichkeiten, Bonn 2015. S. 78

darstelle."[22] Die Problematik darin lag jedoch, was schon Conwentz erkannte, dass kaum noch Landschaften vorhanden waren, die nicht anthropologisch verformt waren.[23] Klose hingegen strebte vor allem einen sozialpolitischen Naturschutz an und geriet mit dem Regime in einem Konflikt.

3.4 Staatlicher Naturschutz 1946-1979

Nach dem Ende des NS-Regimes gilt das Reichsnaturschutzgesetz (RNG) bis zum Jahr 1976 weiter, wird jedoch an das Föderalismusprinzip angepasst. In demselben Jahr wird es dann vom Bundesnaturschutzgesetz (BNatSchG) abgelöst. Klose, der im Jahr 1938 zum Direktor der Reichsstelle für Naturschutz wurde, nahm auch nach dem Jahr 1945 eine zentrale Rolle im Naturschutz hinsichtlich der Frage ein, ob der Naturschutz in der neuen Demokratie bestand hat. An dieser Aufgabe scheiterte er jedoch.[24] Nur mit großen Mühen gelang es seinerzeit, Naturschutz im Grundgesetz (Artikel 75) zu verankern. Allerdings erhielte der Bund lediglich das Recht zur Rahmengesetzgebung in Naturschutz-Fragen. Der Bundesrat beschließt im Jahr 1951, die Bundesanstalt für Naturschutz und Landschaftspflege mit dem Argument aufzulösen, denn der Naturschutz würden den Wiederaufbau hemmen.[25] So werden die „Zentralstelle für Naturschutz und Landespflege", als auch die „Zentralstelle für Vegetationskartierung des Reiches" vollständig aufgelöst. Der Beschluss wurde durch die Initiative des „Deutschen Naturschutzrings" im Jahr 1952 wieder revidiert. Die Zentralstelle wurde zwischen den Jahren 1953-1954 unter der Leitung von Gert Kragh wieder aufgenommen und umbenannt zur „Bundesanstalt für Naturschutz und Landespflege". Die neuen Bundesanstalten beschäftigten sich stärker mit Forschungsfragen und konnten somit den Naturschutz biologisch-wissenschaftlich untermauern. Gert Kragh betont, dass der Naturschutz nicht als Bagatelle, sondern als wirtschaftliche Notwendigkeit zu verstehen ist, um nachhaltig die Ressourcen und die Fruchtbarkeit der Landschaften zu erhalten. Dies würde unter anderem an dem Zuwachs von Wissen über die ökologischen Grundlagen liegen.[26] Im Jahr 1962 verschmelzen die beiden Forschungsanstalten für Naturschutz zur „Bundesanstalt für Vegetationskunde, Naturschutz und Landschaftspflege" (BAVNL). Leiter ist ab 1964 Gerhard Olschowy. Unter ihm wird der bundesbehördliche

---

[22] Kaiser, K.-D.: a.a.O. S. 77
[23] Stiftung Naturschutzgeschichte: a.a.O. S. 161
[24] Kaiser, K.-D.: a.a.O. S. 79
[25] Kaiser, K.-D.: a.a.O. S. 80
[26] Stiftung Naturschutzgeschichte: a.a.O. S. 214, 212

Naturschutz noch ökologischer ausgerichtet. Im Vordergrund steht dabei die Vegetation. „Naturschutz schien zu Beginn der 1970er-Jahre in der pluralistischen Demokratie angekommen zu sein und erlebte mit der von Hubert Weinzierl postulierten „großen Wende im Naturschutz" eine geradezu euphorische Phase."[27] Das Jahr 1970 gilt als das „Euphorische Naturschutzjahr", der Bundeskanzler Willy Brandt beruft Bernhard Grzimek zum Bundesbeauftragen für die Fragen des Naturschutzes. Damit wird die Fürsorge für Tiere, Pflanzen und Landschaften Bestandteil der Politik und erregte mehr Aufmerksamkeit bei der Zivilgesellschaft mit Hilfe durch die breite Medien-Öffentlichkeit.[28] Im Jahr 1971 präsentierte die Bundesregierung somit ihr erstes Umweltprogramm. Allerdings ergaben sich bezüglich des Programms Konflikte mit dem Naturschutz, da der biologische Umweltschutz von dem technischen Umweltschutz aus dem Vordergrund gedrängt wurde.[29] Aus dieser ernüchternden Erkenntnis ergaben sich neue Konflikte im Bundestag hinsichtlich neuer Gesetzesentwürfe für Naturschutz und Landschaftspflege, die eine größere ökologische Ausrichtung beinhalten sollten. Schließlich wird im Jahr 1976 das BNatSchG in der BRD als Rahmengesetz erlassen, nachdem es dem Bund nicht gelungen war, die ausschließliche Gesetzgebungskompetenz nach Artikel 73 Grundgesetz zu erhalten. In den 1970 er Jahren wurde außerdem das erste Artenschutzprogramm in das Naturschutzgesetz aufgenommen, der „Bund für Umwelt und Naturschutz" wird gegründet und die „Rote Liste" von gefährdeten Tieren- und Pflanzenarten wird veröffentlicht.

3.5   Staatlicher Naturschutz 1980-2006

Anfang der 1980er-Jahre trat in der Innenpolitik durch den Einzug der Partei der "Grünen" eine grundlegende Veränderung für den Naturschutz ein. Als Reaktion auf die Reaktor-Katastrophe aus dem Jahr 1986 in Tschernobyl stand die Kernkraft auch in Deutschland in großer Kritik. Dies zuletzt verhalf den „Grünen" einen Aufstieg innerhalb des Bundestages und die sozialdemokratische Opposition konnte sich umweltpolitisch profilieren.[30] Aufgrund dieses Vorfalls wurde im Jahr 1986 durch Helmut Kohl das „Bundesministerium für Umwelt, Naturschutz und Reaktionssicherheit" eingerichtet, deren Kompetenzen sich aus den Bereichen Landwirtschafts-,   Innen-   und   Gesundheitsressorts   vereinten.   Durch   den

---

[27] Kaiser, K.-D.: a.a.O. S. 81
[28] Stiftung Naturschutzgeschichte: a.a.O. S. 243
[29] Stiftung Naturschutzgeschichte: a.a.O. S. 252
[30] Stiftung Naturschutzgeschichte: a.a.O. S. 272

Wiedervereinigungsprozess im Jahr 1989 mit der DDR ergaben sich für den deutschen Naturschutz neue Möglichkeiten. Mit der Zusammenführung des amtlichen Naturschutzes und der Unterstützung des Bundesforschungsanstalt für Naturschutz und Landschaftsökologie (BFANL) konnten in kürzester Zeit wertvolle Flächen für die Tier- und Pflanzenwelt gesichert werden. So konnten im Jahr 1990 14 Landschaften unter Schutz gestellt werden, darunter fünf Nationalparke, sechs Biosphärenreservate und drei Naturparke, deren Anzahl bis heute stetig gewachsen ist. Seit den 1970er Jahren begann der Naturschutz sich zu internationalisieren. Im Jahr 1992 erzielte er erste Erfolge mit der Verabschiedung der „Fauna-Flora-Habitat-Richtlinie" der EU. Somit wurde ein wesentlicher Schritt zu einer einheitlichen europäischen Naturschutzpolitik vollzogen. Ziel war es, eine in sich fachlich kohärentes ökologisches europäisches Schutzgebietssystem mit dem Namen NATURA-2000 für den Erhalt der biologischen Vielfalt in Europa zu konstituieren.[31] Durch die Vernetzung sollen wildlebende Arten und Lebensräume geschützt werden. Der UN-Weltgipfel in Rio de Janeiro verabschiedete u.a. das „Übereinkommen über die biologische Vielfalt" (CBD), das seitdem die weltweite Umweltpolitik mitprägte.[32] Die Hauptziele, die der CBD verfolgte, waren u. a.: 1) Die Erhaltung der biologischen Vielfalt, 2) Die nachhaltige Nutzung der Bestandteil der biologischen Vielfalt und 3) Die gerechte Aufteilung der Vorteile, die sich aus der Nutzung der biologischen Vielfalt ergeben. Die CBD nahm damit großen Einfluss auf die Naturschutzpolitik in Deutschland. Drei Jahre nach der Wiedervereinigung im Jahre 1993 entsteht das bis heute benannte „Bundesamt für Naturschutz" (BfN). Erweitert durch neue Referate und Aufgaben fungierte das BfN als Vollzugsbehörde für die Bestimmungen des Washingtoner Artenschutzabkommens.[33] Eine Umstrukturierung der Behörde folgte in den 1996 bis 1997. Die Arbeit des BfN stützt sich auf die beiden Fachbereiche „Ökologie und Naturhaushalt" und „Naturschutz und Entwicklung". Unter der Leitung von Hartmut Vogtmann ab dem Jahr 1999 versucht das BfN, das öffentliche Verständnisse zu fördern und den Nutzen und Schützen der Natur zu erklären. Die neuen Ziele waren klar strukturiert. Einerseits werden Erkenntnisse über Tiere, Pflanzen und Naturraum vermehrt und Schutzbestimmungen überwacht. Andererseits soll das Amt Konzepte entwickeln, um Naturschutz

---

[31] Stiftung Naturschutzgeschichte: a.a.O. S. 278
[32] Stiftung Naturschutzgeschichte: a.a.O. S. 278
[33] Stiftung Naturschutzgeschichte: a.a.O. S. 278

möglichst zusammen mit der Landwirtschaft und anderen Nutzern der Landschaft nahezubringen, so etwa die nachhaltige Nutzung.[34]

4 Gesetze

4.1 Grundgesetz

Am 27. Oktober 1994 wurde mit dem neu geschaffenen Artikel 20a der Umweltschutz als Staatsziel in die Verfassung aufgenommen. Dabei verpflichten sich die staatlichen Institutionen zum Schutz der natürlichen Lebensgrundlagen. Begründet wird dies mit der Verantwortung gegenüber zukünftigen Generationen; demnach mit einer direkten moralischen Verpflichtung.[35]

4.2 Reichsnaturschutzgesetz

Das Reichsnaturschutzgesetz vom 26. Juni 1935 ist am 1. Oktober 1935 in Kraft getreten. Im Laufe der Zeit wurde das Gesetz durch Absätze ergänzt und korrigiert. Dies deutet darauf hin, dass viele Normen nicht ausgereift waren. Die Verknüpfung von Natur- und Denkmalschutz in einem Gesetz führte in vielen Landesgesetzen zunächst zu Rechtsunsicherheiten, da Uneinigkeit darüber bestand, welche Bereiche des Heimatschutzes oder des Schutzes von Denkmalen zuzuordnen waren. Es war außerdem ein „Regierungsgesetz" ohne Beteiligung des Reichstags. Durch die zunehmenden Kriegsvorbereitungen des Dritten Reiches wurden weitere geplante Änderungen nicht mehr weiterverfolgt.[36] Das Reichsnaturschutzgesetz diente nach § 1 S. 1 RNG dem Schutze und der Pflege der heimatlichen Natur in allen ihren Erscheinungen. Gegenstand des Naturschutzes waren nun nach § 1 S. 2 RNG Pflanzen und nichtjagdbare Tiere, Naturdenkmale und ihre Umgebung, Naturschutzgebiete und sonstige Landschaftsteile in der freien Natur, deren Erhaltung wegen ihrer Seltenheit, Schönheit, Eigenart oder wegen ihrer wissenschaftlichen, heimatlichen, forst- oder jagdlichen Bedeutung im allgemeinen Interesse liegt. Die folgende Tabelle von Schoenichen bildet die Tätigkeitsfelder und Kompetenzen der Naturschutzbehörden und -stellen der Verwaltungsebenen ab:[37]

---

[34] Kaiser, K.-D.: a.a.O.
[35] Ott, K.: a.a.O. S. 279
[36] Mrass, W.: Die Organisation des staatlichen Naturschutzes und der Landschaftspflege im Deutschen Reich und in der Bundesrepublik Deutschland seit 1935, gemessen an der Aufgabenstellung in e. modernen Industrieges, Stuttgart 1970. S. 24
[37] Stiftung Naturschutzgeschichte: a.a.O. S. 171

Naturschutzbehörden			Naturschutzstellen	
Oberste Natur-schutzbe-hörden	Reichsforstmeister	Kontakt mit den anderen Ministerien Anordnungen zum Schutz von Pflanzen und Tieren Führung des Naturschutzbuches Einzelbestimmungen für Naturschutzgebiete Anordnungen zum Schutz von Landschaftsteilen	Reichstelle für Naturschutz	Fachliche Beratung Einheitliche Lenkung aller Stellen Internationaler Naturschutz
			„Besondere" Naturschutzstellen	Einheitliche Lenkung der nachgeordneten Stellen
Höhere Naturschutz-behörden	Regierungspräsidenten in Preußen, Regierungen in Bayern, oberste Landesbehörden der übrigen Gliedstaaten	Anweisungen an die unteren Naturschutzbehörden Zustimmung zum Naturdenkmalbuch Entscheid bei Löschungen von Naturdenkmalen Erlaß von Anordnungen für Landschaftsschutz Erlaß von Verordnungen für Naturschutzgebiete	Bezirksstellen für Naturschutz	Fachliche Beratung Werbung Aufklärung
Untere Naturschutz-behörden	Kreispolizeibehörden (Landrat bzw. Bürgermeister) in Preußen; in den anderen Ländern die entsprechenden Behörden	Verwaltungsmäßige Durchführung aller Maßnahmen Überwachung Führung des Naturdenkmalbuches u. Landschaftsschutzkarte Schutz von Landschaftsteilen	Kreisstellen bzw. Städtische Stellen Für Naturschutz	Fachliche Beratung usw. wie oben Führung eines Inventars Gewinnung von Vertrauensmännern

4.3 Bundesnaturschutzgesetz

Mit den „Zielen und Aufgaben von Naturschutz und Landespflege" befasst sich § 1 des Bundesnaturschutzgesetzes. Dieser begründet für Naturschutz seit seiner Abänderung im Jahr 2002: den Eigenwert der Natur, den Wert der Natur für Leben und die Verantwortung für künftige Generationen: „Natur und Landschaft sind auf Grund ihres eigenen Wertes und als Grundlage für Leben und Gesundheit des Menschen auch in Verantwortung für die künftige Generation im besiedelten und unbesiedelten Bereich nach Maßgabe der nachfolgenden Absätze so zu schützen, dass

1. die biologische Vielfalt

2. die Leistungs- und Funktionsfähigkeit des Naturhaushaltes einschließlich der Regeneration und nachhaltigen Nutzung

3. die Vielfalt, Eigenart und Schönheit sowie den Erholungswert der Natur und Landschaft auf Dauer zu sichern."[38]

Das Gesetz ist somit der Auffassung, dass Natur und Landschaft nicht nur für menschliche Zwecke schützenswert sind, sondern auch aufgrund ihres eigenen Wertes. Das Gesetz basiert auf die moralischen Werten von Naturschützern. Der

---

[38] Ott, K./Dierks, J./Voget-Kleschin, L. (Hrsg.): Handbuch Umweltethik, Stuttgart 2016 S. 44

Schutz umfasst auch die Pflege, Entwicklung sowie die Wiederherstellung von Natur und Landschaft.

5 Staatliche Naturschutzpolitik

5.1 Bundesministerium für Umwelt, Naturschutz und Reaktorsicherheit

Das Bundesministerium für Umwelt, Naturschutz und Reaktorsicherheit (BMU) wird im Jahre 1986 nach der nuklearen Katastrophe in Tschernobyl/Ukraine gegründet. Seit dem setzt sich das BMU mit verschiedenen Umweltthemen, die auch weltweite Auswirkungen hat, auseinander. Zu den wichtigen Themen des BMU zählen vor allem Schutz und Erhaltung von Naturgebieten, Artenschutz, Hochwasserschutz, Schutz der Ozonschicht, Energiewende, Schutz des Klimas. Das BMU versucht auch Verbote durchsetzen, von Stoffen, die die Gesundheit des Menschen gefährden und Regeln aufzustellen, die zur Reduzierung von Müll beitragen.

5.2 Bundesamt für Naturschutz

Das Bundesamt für Naturschutz (BfN) ist die wissenschaftliche Behörde des Bundesministeriums für Umwelt, Naturschutz und Reaktorsicherheit mit Sitz in Bonn. Das Bundesamt berät das Ministerium in allen Fragen des nationalen und internationalen Naturschutzes und der Landschaftspflege, fördert Naturschutzprojekte, betreut Forschungsvorhaben und ist Genehmigungsbehörde für die Ein- und Ausfuhr geschützter Tier- und Pflanzenarten. Eine der zentralen Aufgaben des Bundesamtes für Naturschutz ist es, wissenschaftliche Entscheidungsgrundlagen für Politik und Verwaltung bereitzustellen. Dazu gehören die fachliche und wissenschaftliche Unterstützung und Beratung des Bundesumweltministeriums in allen Fragen des Naturschutzes und der Landschaftspflege sowie bei der internationalen Zusammenarbeit.[39] Zur Erfüllung seiner Aufgaben betreibt das BfN wissenschaftliche Forschung und setzt Förderprogramme um. Das BfN arbeitet dabei sehr eng mit verschiedenen Partnern und Institutionen zusammen, wie Naturschutz- und Nutzerverbänden, Hochschulen, Planungsbüros, der Wirtschaft und der Kommunalpolitik. Das BfN agiert auch als Vollzugsbehörde, es benennt Schutzgebiete und wirkt bei der Genehmigung von Vorhaben mit.[40] Die Bereitstellung und Weitergabe von Informationen zum Naturschutz ist ein weiterer Schwerpunkt des BfN. Eine gezielte Öffentlichkeitsarbeit ist nach Angaben von BfN ein unverzichtbarer Bestandteil zur

---

[39] Aufgaben des Bundesamtes für Naturschutz -http://www.bfn.de
[40] Aufgaben des Bundesamtes für Naturschutz -http://www.bfn.de a.a.O.

Erhaltung der Natur. Trotz aller Angebote und Möglichkeiten elektronischer Medien sind die Publikationen in gedruckter Form immer noch eine wirksamere Methode, um Naturschutzhelfer und interessierte Naturfreunde mit wichtigen Informationen zu versorgen.[41] Diese Publikationen enthalten unter anderem Beiträge zum Naturschutz, Problemdarstellungen, Veranstaltungen, Buchbesprechungen zum Thema Natur.

5.3 Prinzipien der Naturschutz-/Umweltpolitik

5.3.1 Vorsorgeprinzip

Nach diesem Prinzip sollen Umweltschäden erst gar nicht entstehen. Umweltpolitische Maßnahmen sind so zu gestalten, dass Umweltgefahren vermieden und damit die Naturgrundlagen schonend in Anspruch genommen werden. Es gilt, von vornherein Entwicklungen zu verhindern, die zukünftig zu Umweltbelastungen führen.[42]

5.3.2 Verursacherprinzip

Das Verursacherprinzip strebt an, Kosten zur Vermeidung, zur Beseitigung oder zum Ausgleich von Umweltbelastungen dem Verursacher zuzurechnen. Damit soll eine volkswirtschaftlich sinnvolle und schonende Nutzung der Umwelt erreicht werden. Dazu gehören unter anderem Umweltabgaben, Umweltauflagen in Form von Verfahrens- oder Produktnormen und freiwillige Maßnahmen. Der entscheidende ökonomische Grund für die Maßnahmen ist der gesamtwirtschaftlich sparsame Einsatz der Ressourcen.[43]

5.3.3 Kooperationsprinzip

Das Kooperationsprinzip ist auf eine möglichst einvernehmliche Verwirklichung umweltpolitischer Ziele gerichtet. Staatliche und gesellschaftliche Akteure sollen bei der Durchsetzung der Umweltschutz-Ziele mitwirken und dies als gemeinsame Aufgabe verstehen.

---

[41] Mannsfeld, K.: a.a.O.
[42] Ott, K./Dierks, J./Voget-Kleschin, L. (Hrsg.): a.a.O, S. 326
[43] Ott, K./Dierks, J./Voget-Kleschin, L. (Hrsg.): a.a.O. S. 93, 236

5.3.4 Nachhaltigkeitsprinzip

Eine Ressource darf nach dem Nachhaltigkeitsprinzip so lange nicht mehr genutzt werden, wie in der Zeit, die es braucht, sich zu regenerieren. Andersrum können zwar kurzfristig Erträge erwirtschaftet werden, langfristig können diese aber zu Einnahmeausfällen und Verlusten führen. Die Naturschutzpolitik hält hier seinen Fokus stärker auf die ökologische Sicht, um die Nachhaltigkeit zu fördern.[44]

6 Naturschutzbewegung im Anthropozän-Zeitalter

Zivilgesellschaftliche Organisationen spielen eine große Rolle, um die Themen der Naturschutzbewegung öffentlich zu diskutieren und diese politisch umzusetzen. Die Umwelt wird dann als gesellschaftlich-politisches Problem aufgefasst, wenn neben der Zerstörung, die Wahrnehmung eintritt, dass das Problem sich in einem nicht mehr hinzunehmenden Zustand befindet.[45] Das Interesse an Naturschutz bezieht sich auf den Wandel der Gesellschaft, dass Anfang der 1970er Jahre immer mehr an Wert gewann und seinen Höhepunkt erreichte. Die Menschheit versteht allmählich, dass die Natur sich nicht durch „Naturkatastrophen" verändert, sondern eine durch Menschenhand verursachende Tat ist. Das Ökosystem ist ein wichtiger Bestandteil zum Fortbestand der schnell wachsenden Zivilisation, jedoch ist und wird diese großräumig geschädigt, verändert oder irreparabel zerstört. Mit der Industrialisierung, die im 18. Jahrhundert begann, beginnt das neue Zeitalter des „Anthropozän", in dem der Mensch die Veränderung der Natur mitbestimmt. Angefangen bei der Ausbeutung der Ressourcen, bis hin zur Veränderung des Klimas. Dies hat unter anderem das Aussterben von Pflanzen und Lebewesen zur Folge.[46] Weitere schwerwiegende Folgen, die durch Menschenhand verursacht worden, sind Folgende: Belastung der Böden, Gewässer und Ozeane durch Dünger (Stickstoff-Kreislauf), Zusammenbruch der Sauerstoff-Gehalte der Ozeane, Versauerung der Meere, Ausschöpfung der Flächen für Wälder und Grasland, Wasserknappheit durch Verschmutzung.[47] Aus diesem Kontext heraus zwingt die Natur den Menschen, mit ihr zu wirken, statt gegen sie. Ein jeder Mensch sollte grundsätzlich ein Bewusstsein für seine Umwelt entwickeln, um das Fortbestehen der Menschheit zu

---

[44] Ott, K./Dierks, J./Voget-Kleschin, L. (Hrsg.): a.a.O. S. 194

[45] Hasenöhrl, U.: Zivilgesellschaft und Protest. Zur Geschichte der Umweltbewegung in der Bundesrepublik Deutschland zwischen 1945 und 1980 am Beispiel Bayerns, 2003. http://e-doc.vifapol.de/opus/volltexte/2009/1555/.

[46] Succow, M./Jeschke, L./Knapp, H. D. (Hrsg.): Naturschutz in Deutschland. Rückblicke - Einblicke - Ausblicke, 2. Aufl., Berlin September 2013. S. 298

[47] Succow, M./Jeschke, L./Knapp, H. D. (Hrsg.): a.a.O. S. 298

sichern. Dies setzt vor allem voraus: Die ungenutzten Naturräume unangetastet zu lassen, die ökologische Leistung der Natur in Wert zu setzen und dem Naturschutz einen Stellenwert einräumen. Bei der Auseinandersetzung um die Naturschutzbewegung handelt sich im Wesentlichen um Nutzungskonflikte für öffentliche Güter. Als ein möglicher Erklärungsversuch für solche Konflikte wird das Konzept des kollektiven Handelns von Mancur Olson herangezogen: „Je größer die Gruppe der Nutznießer, desto geringer der individuelle Anreiz, sich an den Kosten ihrer Produktion oder Erhaltung zu beteiligen."[48] In Hinsicht auf die Natur bedeutet dies, dass der Naturschutz von wenig Interesse war, da die Akteure keinen Eigennutzen darin sahen.

7 Fazit

Zusammenfassend lässt sich festlegen, dass der Naturschutz ein unverzichtbarer Bestandteil nicht nur in Deutschland, sondern weltweit ist. Daher kann man sagen, dass eine Zusammenarbeit mit anderen Staaten unumgänglich ist, um die Ziele im Naturschutz weiter voranzubringen. Hinsichtlich aus den geschichtlichen Erfahrungen heraus lässt sich sagen, dass ein Erfolg der Naturschutz-Akteure die dauerhafte Präsenz in der Politik ist. Allerdings ist die Umweltpolitik mit zahlreichen gesellschaftlichen Herausforderungen konfrontiert. Zumal in der Vergangenheit einige politische Ziele zum Eigennutz der Wirtschaft übergangen worden sind. Damit der Staat die ökonomischen Ziele durchsetzt, ist eine stärkere Integration gesellschaftspolitischer Aspekte in die Umweltpolitik notwendig. Dazu gehört, das zusätzliche Potenziale in die gesellschaftspolitischen Aspekte mit einbezogen werden. Ein wichtiger Bestandteil ist demnach auch die Umweltbewegung, um die Wahrnehmung der Zivilgesellschaft hinsichtlich des Naturschutzes zu stärken. In unserer heutigen Konsumgesellschaft ist die Medienöffentlichkeit der Schlüssel zu unserer Wahrnehmung. Durch massenmediale Kommunikation von Umweltbewegungen trägt diese zu ihrem Bekanntwerden und zur Verbreitung in der Gesellschaft bei. Demnach tendieren die Akteure im heutigen Naturschutz zum Heimatschutz. Durch die Heimatschutz-Argumente kann sich die Zivilgesellschaft mehr mit dem Thema Naturschutz identifizieren, da diese Vertrautheit in einem weckt, um die bisher bekannte Natur zu schützen. Daher lässt sich der Naturschutz durchaus mit moralischen Werten begründen. Gerade weil die Natur für sich selbst nicht einstehen

---

[48] Hasenöhrl, U.: a.a.O.

kann, ist es wichtig, die Zivilgesellschaft für das Thema zu sensibilisieren. Durch eine stärkere vertretene Umweltbewegung gewinnt der Naturschutz mehr Gehör. Ein aktuelles Beispiel ist hier nach wohl die „Fridays for Future" Bewegung. Demnach lässt sich feststellen, je mehr die Zivilgesellschaft mit der Wahrnehmung des Naturschutzes vertraut ist, umso stärker kann diese sich auch für mehr Wahrnehmung in der Politik stark machen.

Literaturverzeichnis

Aufgaben des Bundesamtes für Naturschutz.

Freytag, N.: Deutsche Umweltgeschichte. Umweltgeschichte in Deutschland ; Erträge und Perspektiven, in: Historische Zeitschrift : HZ, 283 (2006), 2006, S. 383–407.

Hasenöhrl, U.: Zivilgesellschaft und Protest. Zur Geschichte der Umweltbewegung in der Bundesrepublik Deutschland zwischen 1945 und 1980 am Beispiel Bayerns, 2003. http://edoc.vifapol.de/opus/volltexte/2009/1555/.

Kaiser, K.-D.: Naturschutz und Rechtsradikalismus. Gegenwärtige Entwicklungen, Probleme, Abgrenzungen und Steuerungsmöglichkeiten, Bonn 2015.

Mannsfeld, K.: Naturschutz im Spannungsfeld gesellschaftlicher Interessen. Erfahrungen aus dem Freistaat Sachsen ; zum 100. Jahrestag des staatlichen Naturschutzes in Deutschland - dem ehrenamtlichen Naturschutz in Sachsen gewidmet, Dresden 2006.

Mrass, W.: Die Organisation des staatlichen Naturschutzes und der Landschaftspflege im Deutschen Reich und in der Bundesrepublik Deutschland seit 1935, gemessen an der Aufgabenstellung in e. modernen Industrieges, Stuttgart 1970.

Ott, K.: Begründungen, Ziele und Prioritäten im Naturschutz, Hamburg 2004.

Ott, K./Dierks, J./Voget-Kleschin, L. (Hrsg.): Handbuch Umweltethik, Stuttgart 2016.

Schmidt, W.: 100 Jahre Naturschutz als Staatsaufgabe. 1906 - 2006 ; Brücken in die Zukunft bauen, Bonn 2006.

Stiftung Naturschutzgeschichte: Natur und Staat. Staatlicher Naturschutz in Deutschland 1906 - 2006, Münster 2006.

Succow, M./Jeschke, L./Knapp, H. D. (Hrsg.): Naturschutz in Deutschland. Rückblicke - Einblicke - Ausblicke, 2. Aufl., Berlin September 2013.